2015

室内设计模型集成
INTERIOR DESIGN MODELS
INTEGRATION 国广一叶装饰机构 叶斌 叶猛 著
简欧风格家居 SIMPLIFIED EUROPEAN STYLE HOME

 海峡出版发行集团 福建科学技术出版社
THE STRAITS PUBLISHING & DISTRIBUTING GROUP | FUJIAN SCIENCE & TECHNOLOGY PUBLISHING HOUSE

A 作者简介 E
AUTHOR PROFILE

叶 斌 / Ye Bin

高级建筑师
国广一叶装饰机构首席设计师
福建农林大学兼职教授
南京工业大学建筑系建筑学学士
北京大学 EMBA
中国建筑学会室内设计分会理事
中国建筑装饰协会理事

Senior Architect
Chief Architect of Guoguangyiye Decoration Group
Adjunct Professor of Fujian Agriculture and Forestry University
B. Arch from Nanjing Industry University
EMBA from Beijing University
Councilor Member of China Institute of Interior Design
Councilor Member of China Building Decoration Association

著作

1. 《室内设计图典》（1、2、3）
2. 《装饰设计空间艺术·家居装饰》（1、2、3）
3. 《装饰设计空间艺术·公共建筑装饰》
4. 《建筑外观 Appearance 细部图典》
5. 《国广一叶室内设计模型库·家居装饰》（1、2、3）
6. 《国广一叶室内设计模型库·公建装饰》
7. 《国广一叶室内设计》
8. 《国广一叶室内设计模型库构成元素》（1、2）
9. 《室内设计立面构图艺术》系列
10. 《国广一叶室内设计模型库》系列
11. 《家居装饰·平面设计概念集成》
12. 《概念家居》
13. 《概念空间》
14. 《国广一叶家居装饰》系列
15. 《室内设计图像模型》系列
16. 《细解家居》系列
17. 《2009 室内设计模型》系列（5 册）
18. 《2010 家居空间模型》系列（3 册）
19. 《2010 公共空间模型》系列（2 册）
20. 《2011 家居空间模型》系列（3 册）
21. 《2011 公共空间模型》
22. 《最给力家装》系列（6 册）
23. 《2012 室内设计模型集成》系列（5 册）
24. 《名家家装 + 材料标注》系列（5 册）
25. 《2013 家居空间模型集成》系列（3 册）
26. 《2013 公共空间模型集成》系列（2 册）
27. 《2014 家居空间模型集成》
28. 《2014 公共空间模型集成》

荣誉

荣获"中国室内设计杰出成就奖"
当选 2009 年"金羊奖"中国十大室内设计师
当选中国建筑装饰行业新中国成立 60 年百名功勋人物
当选 1989~2009 年中国杰出室内设计师
当选 1997~2007 年中国家装十年最具影响力精英领袖
当选 1989~2004 年全国百位优秀室内建筑师
当选 2004 年度中国杰出中青年设计师
当选 2004 年度中国室内设计师十大封面人物
当选 2002 年福建省室内设计十大影响人物（第一席位）

获奖设计作品

溪山温泉度假酒店（实例）	2014 年第十届中国国际室内设计双年展金奖
正兴养老社区体验中心	2014 年第十届中国国际室内设计双年展银奖
中联大厦办公楼	2014 年第十届中国国际室内设计双年展铜奖
尊贵彰显富丽	2014 年第十届中国国际室内设计双年展铜奖
永福设计研发中心	2014 年度全国建筑工程装饰奖（公共建筑装饰设计类）
宇洋中央金座	2013 年第十六届中国室内设计大奖赛铜奖
书·韵	2013 年国际空间设计大奖"Idea-Tops 艾特奖"提名奖
聚春园驿馆	2013 年国际空间设计大奖"Idea-Tops 艾特奖"入围奖
童话地中海	2013 年国际空间设计大奖"Idea-Tops 艾特奖"入围奖
宇洋中央金座	2013 年国际空间设计大奖"Idea-Tops 艾特奖"入围奖
宁德上东曼哈顿售楼部	2013 年第四届中国国际空间环境艺术设计大赛（筑巢奖）优秀奖
福建洲际国际酒店	2012 年第二届亚太酒店设计大赛金奖
前线共和广告	2012 年第十五届中国室内设计大奖赛金奖
瑞莱春堂福州三坊七巷店	2012 年"照明周刊杯"中国照明应用设计大赛一等奖
前线共和广告	2012 年第九届中国国际室内设计双年展金奖
福州情·聚春园	2011 年第九届中国国际室内设计双年展银奖
宁化世界客家文化交流中心	2011 年第九届中国国际室内设计双年展铜奖
一信（福建）投资	2011 年第十四届中国室内设计大奖赛金奖
福建科大合医疗机构	2011 年中国最成功设计大赛最成功设计奖
连江贵安海峡文化村酒店	2011 年中国（上海）设计节"金外滩"最佳概念设计奖
素丽娅泰水疗会所	2010 年第八届中国室内设计双年展金奖
摩卡小镇售楼中心	2010 年第八届中国室内设计双年展银奖
大洋鹭洲	2010 年第八届中国室内设计双年展铜奖
素丽娅泰水疗会所	2010 年亚太室内设计双年展大奖赛商业空间设计银奖
中联江滨御景会所	2010 年亚太室内设计双年展大奖赛商业空间设计优秀奖
繁都魅影	2010 年亚太室内设计双年展大奖赛住宅空间设计银奖
繁都魅影	2010 年亚洲室内设计大奖赛铜奖
中央美苑	2010 年海峡两岸室内设计大赛金奖
繁都魅影	2010 年海峡两岸室内设计大赛金奖
光·盒中盒	2010 年海峡两岸室内设计大赛金奖
中联江滨御景会所	2010 年海峡两岸室内设计大赛金奖
皇帝洞书院	2009 年"尚高杯"中国室内设计大奖赛二等奖（全国商业类第三名）
北湖皇帝洞景区会所	2008 年第七届中国室内设计双年展金奖
国广一叶点房财富中心	2007 年福建省室内设计大奖赛一等奖（公建工程类第一名）
国广一叶会馆	2006 年福建省室内设计大奖赛一等奖（公建工程类第一名）
点房财富中心	2007 年"华耐杯"中国室内设计大奖赛二等奖（全国商业类第二名）
大家会馆	2006 年第六届中国室内设计双年展金奖
书香大第销售中心	2006 年第六届中国室内设计双年展金奖
金钻世家某单元房	2006 年第六届中国室内设计双年展银奖
福州金龙门餐厅	2006 年第六届中国室内设计双年展银奖
滨江丽景·美丽园	2006 年第六届中国室内设计双年展银奖
福建电力调度通信中心大楼	2006 年第六届中国室内设计双年展铜奖
金源国际酒店桑拿中心	2006 年第六届中国室内设计双年展优秀奖
内蒙古呼和浩特市中级人民法院	2004 年第五届中国室内设计双年展铜奖
厦门奥林匹亚中心	2004 年第五届中国室内设计双年展铜奖
福州玖玖丰田汽车 4S 店	2004 年第五届中国室内设计双年展优秀奖

叶 猛 / Ye Meng

国广一叶装饰机构副总设计师
国家一级注册建筑师
国家一级注册建造师
中国建筑学会室内设计分会会员
福建工程学院建筑与规划系讲师
福州大学建筑系学士
中南大学土建学院建筑学硕士

Deputy Chief Architect of Guoguangyiye Decoration Group
First-Class Registered Architect (PRC)
Registered Constructor (PRC)
Member of Institute of Interior Design of Architectural Society of China
Lecturer of Architecture and Planning Dept., Fujian University of Technology
B. Arch from Fuzhou University
M. Arch from Central South University

获奖设计作品

融信大卫城	2014 年第十届中国国际室内设计双年展优秀奖
三盛国际公园	2014 年第五届中国国际空间环境艺术设计大赛（筑巢奖）提名奖
名城港湾	2014 年第五届中国国际空间环境艺术设计大赛（筑巢奖）优秀创意奖
融侨外滩	2014 年第五届中国国际空间环境艺术设计大赛（筑巢奖）优秀创意奖
鳌峰洲小区—19A	2013 年第四届中国国际空间环境艺术设计大赛（筑巢奖）优秀奖
阳光理想城	2011 年第九届中国国际室内设计双年展金奖
大洋鹭洲	2010 年第八届中国室内设计双年展铜奖
繁都魅影	2010 年亚洲室内设计大奖赛铜奖
福建工程学院建筑系新馆	2009 年中国室内空间环境艺术设计大赛一等奖
福建工程学院建筑系新馆	2009 年福建室内与环境设计大奖赛公建工程类最高奖
文化主题酒店	2008 年福建省第六届室内与环境设计大赛一等奖
旗山文城	2008 年福建省第六届室内与环境设计大赛一等奖
另类博弈	2008 年第六届现代装饰年度办公空间大奖入围奖
点房财富中心	2007 年"华耐杯"中国室内设计大奖二等奖
翻阅古朴	2007 年福建省第五届室内设计与环境大赛一等奖
大家会馆	2006 年第六届中国室内设计双年展金奖
福建电力调度通信中心大楼	2006 年第六届中国室内设计双年展铜奖

另出版《建筑外观细部图典》、《室内设计图像模型》等著作数十种

国广一叶装饰机构，作为"2012 年度中国建筑装饰设计机构 50 强企业"（中国建筑装饰协会颁发）、"2012～2013 年度全国室内装饰优秀设计机构"（中国室内装饰协会颁发）、"2012 年中国十大品牌酒店设计机构"（中外酒店论证颁发）、"2011～2012 年度全国室内装饰优秀设计机构"（中国室内装饰协会颁发）、"2013 中国住宅装饰装修行业最佳设计机构"（中国建筑装饰协会颁发）、"1989～2009 年全国十大室内设计企业"（中国建筑协会室内设计分会颁发）、"1988～2008 年中国室内设计十佳设计机构"（中国室内装饰协会颁发）、"1997～2007 年中国十大家装企业"（中国建筑装饰协会颁发）、"福建省著名商标"、"省、市级重合同守信用企业"，荣获国际、国家及省市级设计大奖上千项。国广一叶装饰机构首席设计师叶斌荣获"中国室内设计杰出成就奖"、两次荣获"中国十大室内设计师"称号；叶猛被评为"1989～2009 年中国优秀设计师"；另外，十余位设计师被评为中国装饰设计行业优秀设计师，79 名设计师分别被评为福建省优秀设计师、福州市优秀设计师，56 名在职设计师分别荣获历届全国、福建省、福州市室内设计一等奖……以上这些荣誉的获得和国广一叶装饰机构自身的水准有关。国广一叶装饰机构拥有大批量高水准的室内设计专业效果图，这些效果图将设计师的设计意图淋漓尽致地表现出来。

自 2004 年至今，国广一叶装饰机构在福建科学技术出版社已陆续出版了 12 套模型系列图书，一直受到广大读者的支持与厚爱。为了不辜负广大读者的期望，我们继续推出《2015 室内设计模型集成》系列图书，汇集国广一叶装饰机构 2014～2015 年设计制作的 1600 多个风格各异、手法时尚的室内设计效果图及其对应的 3ds Max 场景模型文件，可作为读者做室内设计时的有益参考。

本书配套光盘的内容包含效果图原始 3ds Max 模型和使用到的所有贴图文件。由于 3ds Max 软件不断升级，此次的模型我们采用 3ds Max2011 版本制作。模型按图片顺序编排，易于查阅调用。只有能对模型进一步调整才能体现其价值和生命力，因此提供的 3ds Max 模型是真正有价值、可随时提取调整用的部分。必须说明的是，书中收录的效果图均为原始模型经过 lightscape 渲染和 photoshop 后处理过的成图，是为读者了解后处理效果提供直观准确的参考，与 3ds Max 直接渲染的效果有一定区别。

著 者
2015 年 2 月

As a well-known decoration company, Guoguangyiye Decoration Group have acquired thousands of international, national and provincial design awards, such as "Top 50 architectural decoration company in China(2012, honored by China Building Decoration Association, CBDA)", "Outstanding Interior Design Companies in China(2011-2012 and 2012-2013, honored by China National Interior Decoration Association, CIDA)", "Top 10 Candlewood Design Companies in China(2012, honor by Chinese and Foreign Hotel Argument)," "The Best Interior Decoration Association of Chinese Home Decoration(2013, honored by CBDA), "Top 10 Interior Design Companies in China (1989~2009)", "Top 10 China Interior Design Institutions (1988~2008)" , "2012 China top 10 Hotel Design Institutions", "China Top 10 Home Decoration Enterprises (1997~2007)" and "Well-Known Brand of Fujian".

In Guoguangyiye Decoration Group, a dozen of architects have be granted as "National Excellent Architect of China", and 79 architects have awarded as "Excellent Architect of Fujian province/Fuzhou", 56 architects have won top prize of national, Fujian provincial or Fuzhou. The chief architect Mr. Bin Ye has wined the award of "Distinguished Achievement Award of Chinese Interior Design", and awarded twice "China Top 10 Interior Design Architect". Mr. Meng Ye was awarded "Outstanding Architect of China (1989~2009)". Naturally these achievements have been accomplished because of the high level interior designs of Guoguangyiye, but obviously cannot be attained without high level professional effect drawing that presents the design intent of architects incisively and vividly. Therefore as a product of the collective efforts of architect and graphic designer, it is closely related to the success of project design.

Since 2004, Guoguangyiye Decoration Group has published 12 series of books on design model database with Fujian Science and Technology Press and all of them have gained wide popularity by their richness and practicality. Therefore, this year we will continue to publish *2015 Interion Design Models Intergration* Space Models Integration. This new series consists of over 1600 chic 3ds Max scenario models of various style interior designs created by Guoguangyiye Decoration Group during 2014~2015. Being a model database, they could also be used as beneficial references for interior design.

The enclosed CD contains original 3ds Max models of decoration effect drawings and all the map files used in order to create them. Due to the continuous upgrading of 3ds Max software, version 2011 was adopted in the drawing of these models which are arranged in the order of the pictures to make them easily accessible. Since as only models that can be further adjusted are valuable, the 3ds Max moulds provided are all of true value and readily available. It should be noted that, all the effect drawings in the books are pictures rendered by lightscape and dealt with by Photoshop, to give an intuitive and precise reference for readers on the after effects which are different from those rendered directly by 3ds Max.

February 2015

001

002

003

004

006

005

007

008

009

010

011

012

013

014

017

018

019

020

021

022

023

025

026

027

028

029

030

031

033

034

035

037

038

039

040

042

043

044

046

047

048

049

050

051

052

053

055

054

056

058

059

060

062

063

064

065

066

067

068

069

070

071

072

073

074

075

076

078

077

079

080

081

082

083

084

085

086

088

089

090

091

093

094

092

095

096

097

098

099

100

101

102

103

104

105

107

108

109

111

112

114

115

116

118

119

120

121

122

123

125

126

127

128

129

130

131

132

133

134

137

138

140

141

142

143

144

145

146

148

149

150

151

152

153

154

156

157

158

159

160

161

162

165

168

167

169

170

171

172

173

174

175

176

177

178

180

179

181

185

186

187

188

189

190

191

192

193

194

197

198

199

200

201

202

203

204

205

207

208

209

210

211

212

213

214

215

216

217

218

219

220

222

223

224

225

226

227

228

229

230

231

233

234

235

236

237

238

239

240

241

242

243

244

245

246

248

249

250

251

252

253

254

255

256

257

258

260

262

263

264

265

266

267

268

269

270

271

272

273

274

275

276

277

278

279

280

281

282

283

284

285

286

287

288

289

290

291

292

293

294

295

296

298

299

300

301

302

303

304

305

306

307

308

309

图书在版编目（CIP）数据

2015室内设计模型集成.简欧风格家居/叶斌,叶猛
著.—福州：福建科学技术出版社,2015.4
ISBN 978-7-5335-4739-4

Ⅰ.①2… Ⅱ.①叶… ②叶… Ⅲ.①住宅 – 室内装饰
设计 – 作品集 – 中国 – 现代 Ⅳ.① TU24

中国版本图书馆CIP数据核字(2015)第043371号

书　　名	2015室内设计模型集成　简欧风格家居	
著　　者	叶斌　叶猛	
出版发行	海峡出版发行集团	
	福建科学技术出版社	
社　　址	福州市东水路76号（邮编350001）	
网　　址	www.fjstp.com	
经　　销	福建新华发行（集团）有限责任公司	
印　　刷	恒美印务（广州）有限公司	
开　　本	635毫米 ×965毫米 1/8	
印　　张	22	
图　　文	176码	
版　　次	2015年4月第1版	
印　　次	2015年4月第1次印刷	
书　　号	ISBN 978-7-5335-4739-4	
定　　价	248.00元	

书中如有印装质量问题，可直接向本社调换